Enfermería: Calidad Asistencial

Publicado por Lulu

Octubre 2012

Autores: Jesús Mateo Segura

Mª del Mar Acosta Amorós

Dionisia Casquet Román

Portada: Jesús Mateo Segura

Ilustraciones Portada: Imágenes de dominio público

ISBN: 978-1-291-13416-2

El siguiente libro se lo dedicamos a nuestra compañera enfermera y amiga Sandra Cuevas. Dedicarle este montón de palabras organizadas e impresas, nos sabe a poco; pero esperamos, con el tiempo, poder ofrecerle un huracán de obras y escritos. Gracias por todo.

ÍNDICE

Introducción	6
Desarrollo del tema:	8
-Exposición de los planteamientos teóricos.	8
-Análisis y desarrollo de los conceptos expuestos.	28
Conclusiones	40
Bibliografía	42

INTRODUCCIÓN

La calidad desde nuestro punto de vista es la base de nuestro sistema sanitario, además de que una buena calidad permite una agilización de los servicios sanitarios, que conlleva a mejoras como: recuperación más rápida de los usuarios, menor periodo de hospitalización, reducción de las listas de espera, menos trámites burocráticos necesarios, etc ...

Por ello consideramos como muy importante la valoración de la calidad asistencial y la percepción de los clientes/pacientes, ya que es un pilar fundamental para el desarrollo de nuestro trabajo.

El término calidad asistencial lleva implícito tanto la satisfacción de los pacientes como hemos comentado anteriormente como la satisfacción de los profesionales que integran el centro sanitario, como la disponibilidad de recursos materiales, expectativas de superación, etc ...

Importancia del tema en el contexto de la administración de los servicios de enfermería.

El personal de enfermería constituye el equipo de profesionales sanitario más numeroso del sistema, además de ser los que más se relacionan con el paciente y quienes más manejan los recursos materiales, por todo esto es importante una buena calidad en el campo enfermero para poder trabajar de forma protocolizada con lo que se podrá hacer un buen uso de los recursos tanto materiales como humanos, ofrecer una buena atención sanitaria tanto a nivel humano como técnico; y de esta manera conseguir la satisfacción de los pacientes/clientes y del personal por el buen trabajo realizado.

Pensamos que la mejora continua de la calidad en el sistema sanitario es un hecho necesario.

La atención a la salud y enfermedad implica no solo a los profesionales como proveedores de los servicios, sino también a la población como consumidora de éstos, y a los responsables políticos como gestores del bienestar público.

Se trata de establecer normas y metodologías explícitas y concretas que permitan evaluada tanto con la colaboración motivada del mismo profesional como con la participación informada del cliente/paciente que necesita esa atención.

DESARROLLO DEL TEMA

EXPOSICIÓN DE LOS PLANTEAMIENTOS TEÓRICOS.

Preámbito

La calidad asistencial se ve influenciada por una multiplicidad de factores, hablar de la Calidad implica, necesariamente, hacer referencia constante al grado óptimo de Satisfacción que se genera en el paciente.

Los pacientes tienen criterios cada vez más sofisticados con respecto a la asistencia Sanitaria constituyendo la aceptabilidad y la satisfacción del usuario aspectos trascendentes en la valoración de la calidad asistencial recibida.

Cuando se pretende abordar el estudio de la calidad asistencial que se brinda en los centros sanitarios debemos tener en cuenta que dicha prestación sanitaria se ve influenciada por los criterios que regulan las relaciones interprofesionales entre profesionales y pacientes, por los aspectos económicos que rigen la misma y por la estructura arquitectónica y de funcionamiento que dificulta o facilita aquella. Así pues, hablar de calidad implica, necesariamente, hacer referencia constante al grado óptimo de satisfacción que la prestación mencionada genera en el paciente.

La OMS ha reconocido, así mismo, el principio de participación del consumidor en la prestación sanitaria como componente de la calidad de dicha prestación.

En este sentido, diversos estudios han demostrado que los consumidores tienen criterios cualitativos cada vez más sofisticados con respecto a la asistencia sanitaria constituyendo la aceptabilidad y la satisfacción del usuario aspectos trascendentes en la valoración asistencial recibida, siendo el método usual para recoger la opinión del paciente, la encuesta. Es por tanto, la relación interpersonal uno de los pilares, junto con la tecnología que se brinda en los centros sanitarios, que configuran el armazón de la calidad asistencial. Esta relación interpersonal se nutre de valores y normas sociales reforzadas por los contenidos éticos de las profesiones implicadas en la atención sanitaria. De aquí que resulte más difícil evaluar y medir los niveles de calidad en base a parámetros interpersonales aunque es preciso reconocer que éstos contribuyen al fracaso o al éxito de la atención técnica.

Siguiendo el concepto de calidad aportado por DONABEDIAN, para evaluar la calidad, la autora propugna valorar los cuidados dispensados a los pacientes (accesibilidad, competencia de los profesionales y servicios y satisfacción) y el entorno (físico y de trabajo) en el que se dispensan estos cuidados.

Según refiere KAHN, uno de los objetivos que debe contemplar el control de calidad es asegurarse que los pacientes reciben, no solo asistencia sanitaria por lo que respecta al cumplimiento seguro y eficaz de sus tareas por parte del personal cualificado y según normas actuales, sino también una asistencia oportuna, y a la debida protección de sus derechos y de dignidad, así como el interés por promover un cada vez mayor grado de satisfacción y de educación entre ellos mismos. [1]

2.1 CONCEPTO DE CALIDAD

Existe la tendencia, y no solo en el sector sanitario, a evitar la tarea de definir un término que parece tan exclusivo como el de calidad, debido a los múltiples, y a veces contradictorios, atributos que se le adjudican.

En el sector sanitario, control de calidad, garantía de calidad, calidad asistencial, gestión de calidad, calidad total, mejora continua, y cualquier otra combinación imaginable en estos términos, ha sido empleado indistintamente para referirse a ese componente de la atención al enfermo que, todavía, muchos profesionales consideran como una característica implícita e indiscutible en su quehacer diario. Sin embargo hablar de calidad, sin una definición operativa previa, generalmente origina una confusión tal que ésta llega a dominar cualquier intento de aproximación al tema.

<u>Los significados de la calidad.</u>

Comúnmente, la palabra calidad se utiliza en dos sentidos diferentes. Cuando no va calificada tiene un sentido absoluto y viene a indicar excelencia en aquel aspecto al cual haga referencia. Cuando va calificada como "buena calidad", o "mala calidad", tiene un sentido relativo a un estándar establecido o aceptado como punto de comparación.

El concepto operativo de calidad, aceptado actualmente, se refiere a excelencia como meta y además exige, como método, la existencia de estándares adecuados, con los que poder calificar y, óptimamente, medir la calidad. [2]

Concepto de calidad según la OMS:

"Asegurar que cada paciente reciba el conjunto de servicios diagnósticos y terapéuticos más adecuados para conseguir una atención sanitaria óptima, teniendo en cuenta todos los factores y conocimientos del paciente y del servicio y lograr el mejor resultado con el mínimo riesgo de efectos iatrogénicos y la máxima satisfacción del paciente con el progreso"

"Medida en la que la atención sanitaria proporcionada, en un marco económico determinado, permite alcanzar los resultados más favorables, al equilibrar riesgos y beneficios." [3]

2.2 EVOLUCIÓN

La calidad comienza a desarrollarse gracias a Florence Nightingale (1854). Habla sobre la efectividad en la atención sanitaria y la tasa de mortalidad en la guerra de Crimen. Así pues, hizo un estudio sobre estadísticas hospitalarias para ver su calidad.

En EEUU (1917) la Asociación Americana de Médicos y Cirujanos trata de establecer medidas para definir una atención adecuada, lo que origina la legalización de normas sobre funcionamiento de hospitales. Avedis Donabedian, padre del estudio de la calidad de la atención sanitaria, en los años 50-60 establece la triada de enfoque de la calidad en estructura, proceso y resultados. También en esta época, dos organismos (Joint Comisión on Accreditation of Health Care Organization y Peer Review) se dedican al sistema de control y evaluación de la calidad asistencial.

En enfermería, Phaneuf (1972) inicia los estudios sobre calidad de los cuidados. También la ANA (Asociación Americana de Enfermeras) publica un año después las Normas de garantía de la calidad de los cuidados de enfermería y de la Orden de Enfermeras de Québec que elaboran el Método de valoración de la calidad de los cuidados enfermeros bajo la dirección de Monique Chagnon.

En los años 80 llegaron a Cataluña las primeras experiencias sobre calidad, seguido de Andalucía. La promulgación de la Ley General de Sanidad en 1986 anuncia que se trabaje bajo calidad asistencial y el Ministerio de Sanidad y Consumo organiza tanto para atención especializada como primaria un sistema de acreditación.

El ciclo de mejora contínua de la calidad

El ciclo de mejora continua de la calidad es la representación esquemática de una filosofía de trabajo aplicable a cualquier nivel de la organización. Originalmente se conoció como ciclo de solución de problemas, pero es igualmente aplicable a la mejora de cualquier proceso sin problemas aparentes.

Fases generales del ciclo

- Planificar lo que hay que hacer
- Hacerlo
- Comprobar lo que se ha hecho
- Prevenir el error/mejorar el proceso.

Es un sistema basado en el método científico de observación de la realidad, hipótesis de trabajo y confirmación experimental, y que al ser utilizado en un campo innovador, como es la gestión de la calidad, da lugar a versiones ligeramente diferentes, según el matiz del planteamiento que se aplique.

El llamado ciclo de Deming

Conocido por muchos como ciclo de Deming, este lo atribuye a Shewhart, quien lo utilizo años antes en los laboratorios Bell.

Consiste en establecer una espiral de acciones secuénciales que generen la mejora continua de cualquier tipo de proceso dentro de una organización.

El clásico ciclo de Shewart-Deming consta de cuatro pasos:

1. Planificar:
   - ¿Qué proceso se quiere mejorar?
   - ¿Qué cambios se quieren introducir en el proceso?
   - ¿Qué datos hay disponibles?
   - ¿Se necesitan nuevos datos?
   - ¿Cómo utilizar los datos?
2. Ejecutar:
   - Buscar los datos necesarios.
   - Realizar cambios, inicialmente como proyectos piloto
3. Comprobar:
   - Observar los efectos de los cambios.
4. Actuar:
   - Sacar conclusiones y actuar en consecuencia.

Con la aplicación de este ciclo Sherwhart pretendía promocionar tres conceptos:

a) El precio sin incluir calidad no es un indicador del valor.

b) La calidad de un proceso reside en su estabilidad.
c) La calidad se define a través de estándares e indicadores.

Para Shewhart el previo control estadístico del proceso era fundamental para establecer cualquier mejora del mismo, ya que ésta no podía comprobarse hasta que el proceso no fuese estable.

Por otro lado entendía que no puede hablarse de calidad mientras no exista una definición operativa de la misma a través de estándares. [2]

2.3 CALIDAD ASISTENCIAL EN ENFERMERÍA
2.3.1 NORMAS LEGALES Y ÉTICAS

Legales: -Ley General de Sanidad, Art.69: "Mantener al día los sistemas que aseguren la calidad en los servicios públicos de salud".

-Constitución de la OMS: "Cada persona tiene derecho al más alto nivel de salud que sea alcanzable"

-Salud para Todos en el Siglo XXI: Obj.15 "Cambio de enfoque" propiciando unos servicios de salud orientados hacia los resultados, mediante la integración de los servicios; Obj.16 Una mejor gestión; Obj.17 Una distribución de los recursos que garanticen la equidad y la sostenibilidad del sistema público; Obj.19 Desarrollo de proyectos de formación de calidad para el personal sanitario.

Eticas: Existe el compromiso ético profesional que obliga a todos los que trabajan en los servicios de salud a mantener elevados niveles de calidad de su labor profesional. En Enfermería, el Código Deontológico de la Enfermería Española y la CIE (Consejo Internacional de Enfermería) establecen la necesidad de que los/las enfermeros/as mantengan en su labor un elevado nivel de competencia. [3]

2.3.2 COMPONENTES DE LA CALIDAD ASISTENCIAL: [3]

COMPONENTES DE LA CALIDAD ASISTENCIA		DEFINICIÓN
PRINCIPALES	EFICACIA	Capacidad del cuidado, asumiendo su forma más perfecta de contribuir a la mejoría de las condiciones de salud (cantidad de servicios, tiempos empleados, celeridad en la atención)
	EFICIENCIA	Capacidad de obtener la mayor mejoría posible en las condiciones de salud al menor coste posible.
	NIVEL	Utilización de conocimientos más

	CIENTIFICO-TECNICO	actualizados y tecnología más adecuada.
	ADECUACION	Grado en el que el servicio recibido se relaciona con las necesidades del paciente.
ADICIONALES	ACCESIBILIDAD	Facilidad con la que un paciente puede obtener la atención que precisa.
	COMPETENCIA	Grado en el que el profesional compite con otros para asegurarse el mejor cumplimiento de los procesos que les son encomendados.
	RELACIONES PERSONALES	Condiciones presentes en la atención del trato individual, personalización del cuidado, cortesía y corrección en la comunicación, respeto a los valores, opiniones y creencias.
	SEGURIDAD	Evitar riesgos. Cuestiones organizativas, normas y procedimientos, así como dotación de instalaciones. Confidencialidad de la información del usuario.
	COMODIDAD	Estado necesario para usuarios y profesionales. Condiciona la forma de trabajo, la atención.
	SATISFACCION (USUARIOS, TRABAJADORES)	Existencia de aspectos organizativos, tecnológicos y de relación interpersonal.

Según JCAHCO, los factores que determinan la calidad de los cuidados de salud son: accesibilidad, oportunidad, efectividad, eficacia, adecuación, eficiencia, continuidad, intimidad, confidencialidad, participación de la familia y del paciente, y seguridad del entorno.

Según Donabedian, los componentes son: eficacia, efectividad, eficiencia, optimización, aceptabilidad, legitimidad y equidad. Son pues los llamados "los Siete Pilares de la Calidad de Salud". [3]

2.3.3 ELEMENTOS DEL PROCESO:

Los elementos de los procesos sanitarios son:
-Usuarios: elemento sobre se inicia y se diseña el proceso, la fuente de información previa al inicio de las actividades, sobre quien se realizan las acciones. Así pues, es la persona que va a evaluar mejor la calidad (percibida) en virtud de la respuesta del proceso y su diseño a sus necesidades, deseos y expectativas.

- Técnicos: son quienes llevan a cabo las actividades y procedimientos del proceso, tanto los que practican la atención directa (enfermeros, auxiliares, médicos) como indirecta (administrativos, supervisores, ..).

- Tecnología: procedimientos, instalaciones que se emplean para llevar a cabo el proceso.

-Otros clientes: familia del paciente/cliente, financiadotes y otros grupos (asociaciones, sindicatos). [3]

2.3.4 ANALISIS DE LA CALIDAD:

Según Donabedian, la calidad puede evaluarse en tres aspectos que la integran: la estructura, el proceso y los resultados. Así pues, se compararán los hospitales o centros a evaluar, ya sea en sus condiciones de trabajo, en sus formas de actuar o en los resultados, con prototipos o modelos previamente establecidos.

Análisis de la estructura

Método indirecto de valoración de la calidad. Se observa la presencia o no de determinadas condiciones tanto físicas como organizativas y su adecuación o comparación con unos niveles fijados en el modelo elegido como prototipo de calidad. Podemos clasificarlos en:

-medios materiales: espacios físicos, asistenciales o administrativos y de soporte, su diseño, tamaño, distribución, adecuación.

-recursos humanos: número, distribución, adecuación, formación, producción, expenencia, ...

-medios organizativos: existencia y adecuación de estructuras, normas, procedimientos, sistemas de formación y actualización del personal, métodos de control y mecanismos de actividad y control económico y financiero.

Análisis del proceso:

Nos proporciona una visión mas ajustada que la evaluación de la estructura. Nos proporciona datos reales sobre cómo funciona en la práctica un grupo o institución que se haya de valorar. El análisis se puede llevar a cabo de diferentes formas:

- forma directa: por observación de las acciones o por

entrevista a profesionales y usuanos.

- forma retrospectiva: revisión de la documentación escrita acerca del proceso (registros, historia clínica, dossier de enfermería, memorias ...).

Análisis de los resultados:

Se pueden observar en tres grandes aspectos:

-rendimiento o impacto de la actividad: se evalúa comparándolo con instituciones u organismos o con otro hospital o centro que lleve un funcionamiento excelente anteriormente evaluado. Se mide días de estancia media, estancia prequirúrgica, altas voluntarias, diagnósticos erróneos, ... En un Centro de Salud se mide el número de consultas, médicas y enfermeras, tiempo por consulta, descenso de tasa de morbilidad, ...

-situación del paciente o usuario. En los servicios de enfermería se establecen indicadores de protocolización de las actividades, midiendo además su seguimiento, utilidad y aceptación por parte de los profesionales. Se evalúa también la mejora conseguida en los cuidados enfermeros o la disminución de problemas que puedan aparecer en el futuro. La opinión del paciente es un resultado de gran importancia a la hora de valorar la calidad de los servicios prestados.

-costes producidos. Obtendremos una buena calidad cuando el hecho de disminuir los costes lleve implícito el haber conseguido el mismo bienestar, mejora de la patología en índices claros y la satisfacción del paciente y familia. [3]

Según Palmer, el análisis de la calidad se lleva a cabo realizando las actividades que se anuncian en la siguiente imagen: [4]

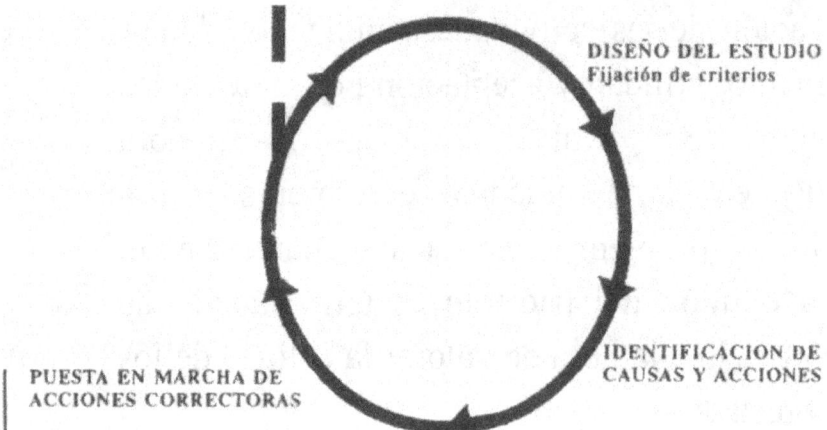

Programa de calidad asistencial en enfermería

Para la mejor comprensión de los puntos fundamentales que sustentan el éxito o el fracaso de los programas de calidad asistencial en enfermería, es preciso partir de una revisión de la situación actual, analizando las posibles causas que dificultan el desarrollo de los mismos y proponiendo algunas partes para una mejor y más profunda implementación en el medio sanitario español.

2.3.5 FASES DE UN PROGRAMA DE CALIDAD ASISTENCIAL EN ENFERMERIA:

La dirección de enfermería debe establecer actividades platicadas y evaluables que favorezcan el logro de los objetivos institucionales con relación a la calidad de la atención que se ofrece a los clientes en cada centro. Al conjunto de esas actividades lo vamos a definir como un programa de mejora de la calidad.

Este programa debe incluir actividades de evaluación que compare la situación real en el centro, con los objetivos previstos o con otra revisión previamente realizada.

Estas actividades se fundamentan en la descripción de los aspectos que hay que analizar, midiéndolos de forma objetiva y actuando para introducir las acciones que sean necesarias para mejorar. Todo ello dentro de un marco de consenso e intercomunicación con las personas que están directamente implicadas en la prestación del servicio sanitario.

Los programas de calidad asistencial en enfermería se desarrollan secuencialmente en las fases siguientes:

1. Aproximación a la realidad institucional.
2. Filosofía del programa.

3. Estructura funcional del programa.
4. Fuentes de datos y circuitos disponibles.
5. Difusión de la información generada.
6. Evaluación del programa.
7. Calendario de implantación. [2]

2.3.6 CUIDADOS DE ENFERMERÍA Y LA CALIDAD DE LA ATENCIÓN SANITARIA:

En la institución sanitaria actual la actividades de l@s enfermer@s ocupan un amplio rango en todos los niveles de la organización: la atención directa en la prestación de cuidados a los usuarios, la gestión de personal, la gestión de recursos, la formación de personal (básicas, posbásicas y continuadas), las relaciones externas de la institución (familiares, otros centros). La actuación de l@s enfermer@s tiene un peso importante en los resultados que se obtiene y debe ser unos de los parámetros utilizados para delimitar la calidad del total de la organización.

L@s enfermer@s han de controlar sus actividades y valorarlas en si mIsmas, garantizando su calidad, que es determinante tanto para el paciente-cliente como para la institución. El volumen del trabajo y de las acciones de los profesionales enfermeros suponen un elevado porcentaje del total de la actividad de cualquier institución sanitaria, aplicándose las consideraciones de los elementos de la calidad (coste, eficacia, eficiencia, adecuación ...) a la labor y actividades que llevan a cabo estos profesionales. El coste de los servicios de enfermería se analiza como un peso adicional en el presupuesto de la empresa. Sin embargo por su adecuación, efectividad y resultados para producir cambios positivos en el estado del paciente debería ser considerado como una plusvalía. [3]

2.3.7 ACREDITACIÓN DE LA CALIDAD:

La acreditación es un proceso de evaluación de la calidad de las instituciones sanitarias que se efectúa de forma voluntaria. Una vez superado el proceso se otorga o no la acreditación, el cual ha de repetirse a los tres años, ya que la calidad puede haberse cambiado por un motivo u otros. Esta acreditación asegura a los profesionales y a los usuarios del centro que se han alcanzado los niveles de calidad exigidos. Esta acreditación se efectúa por personas u organizaciones independientes y de alta fiabilidad, como la JCAHCO, que establecen sus estándares de calidad, con los que evalúa a centros que pidan la acreditación y se les da un certificado que reconozca el cumplimiento de los estándares de acuerdo a los que se ha evaluado a éstos. [3]

ANÁLISIS Y DESARROLLO DE LOS CONCEPTOS EXPUESTOS.

EL CLIENTE DE LOS SERVICIOS DE ENFERMERÍA COMO OBJETIVO BÁSICO DE ATENCIÓN

La Calidad de la asistencia sanitaria dentro de un centro hospitalario se fundamenta en: A)Una adecuada organización dentro de una institución o del servicio, que garantice la cobertura de la función social del mismo. B)La suficiencia y adecuación de los recursos materiales disponibles.C) Disponibilidad y capacitación de los recursos humanos que configuran la organización; conveniendo con el nivel de atención que se presta y la estructura económica del país. D)La actuación de los individuos dentro de la organización. E) Los resultados asistenciales recibidos sobre los pacientes, de forma que se cubran los objetivos sanitarios planteados para él, dentro de un marco social y humano adecuado. Pero además de todos estos aspectos que constituyen la buena atención prestada hay que tener en cuenta el papel que juegan los individuos dentro de la organización sanitaria.

Los profesionales de enfermería actúan dentro de la organización en un doble papel: por un lado, actúan como proveedores de servicio directos a las personas hospitalizadas, como colaboradores para dar soporte al diagnóstico, al proceso terapéutico o rehabilitador y además ofrece servicio a otros profesionales del Hospital pero también se comporta como cliente de otros servicios del Centro, que no influyen de una manera directa sobre el proceso de asistencia.

Este es un concepto clave ya que se fundamenta en que todos los individuos que forman una organización deben trabajar para ofrecer la mayor calidad posible de su actividad específica. [4]

VALORACIÓN DE LA CALIDAD POR EL CLIENTE, EN LOS SERVICIOS DE SALUD

La fuerte correlación entre cobertura de expectativas de los clientes y calidad de las y prestaciones, exige conocer los factores a los que debemos dar respuesta dentro de una organización hospitalaria para lograr que su estancia en ella sea satisfactoria, considerando también la importancia de lograr la satisfacción de los tres implicados:

- La institución hospitalaria.
- Los profesionales del centro.
- Los clientes externos (beneficiarios).

LA INSTITUCIÓN HOSPITALARIA.

Su nivel de satisfacción se basa en tres aspectos:

- Reducción de la morbilidad y quejas de los clientes externos.

- Cumplimento de los objetivos pactados.
- Concordancia entre el presupuesto invertido a lo largo de un periodo predefinido y la asignación presupuestada para ello.

LOS PROFESIONALES QUE INTEGRAN EL CENTRO

La satisfacción de éstos está fuertemente unida a la calidad de sus prestaciones y en este sentido los recursos humanos dentro de un centro sanitario está adquiriendo cada vez más importancia.

Hay una serie de aspectos que determinan la satisfacción de las personas que trabajan en un centro hospitalario:

- Satisfacción con el salario que reciben por su trabajo.
- Disponibilidad de equipos e instalaciones óptimas.
- Adecuación al puesto de trabajo, en función de su formación previa.
- Apoyo institucional.
- Expectativas de superación dentro de la empresa.
- Reconocimiento de los supervisores directos de la actividad y trato personal que mantienen con ellos.
- Participación en la organización del trabajo diario.

- Conciencia de desempeño de su actividad en un equipo de trabajo coherente y bien conexionado.
- Posibilidad de realizar aportaciones para mejorar su trabajo.
- Sentimiento de satisfacción con el trabajo realizado.
- Seguridad en el puesto de trabajo.
- Posibilidad de capacitación periódica por parte de la institución.
- Sentimiento de trascendencia dentro del trabajo que se está realizando.
- Apoyo que se recibe por parte de los compañeros de trabajo y facilidades para la integración del grupo.

CLIENTE EXTERNO

Podemos distinguir tres tipos de clientes externos:

- Directos: aquellos individuos ajenos al sistema organizativo de la institución, que requieren atención de enfermería en aspectos sanitarios.
- Indirectos: este grupo lo constituyen familiares y acompañantes de los usuarios que necesitan la asistencia directa, que se encuentran junto a él de una forma continuada.

- Financiadores de los servicios sanitarios: éstos actúan en nombre de los usuarios externos que van a ser los consumidores directos de los servicios. Estos financiadores, deben exigir condiciones de cantidad y calidad de prestaciones, antes de decidir si envían a sus propios clientes a un Centro de atención o a un Servicio concreto.

Cada individuo o cliente conceptualiza la palabra calidad según sus propios valores o patrones personales de cultura, políticos y económicos; además de la propia percepción que aquellos tienen de su salud.

Los clientes valoran la calidad de la asistencia de la siguiente manera:

Resultados de los cuidados suministrados a los usuarios

No todos los pacientes necesitan el mismo tipo de cuidados, ni el mismo tiempo de atención de enfermería para su asistencia, por ello es muy importante la jerarquización de los mismos y la actuación conjunta del equipo asistencial.

Agrupar a los pacientes con las mismas características contribuye a homogeneizar las actividades, cubrir sus necesidades con planes de cuidados estandarizados y minimizar los riesgos ligados a la prestación de la asistencia.

Por lo tanto, el parámetro más valorado por los clientes es la ausencia de complicaciones y la resolución efectiva del problema de salud.

Accesibilidad a la atención

Todos los clientes deben de recibir los cuidados de una forma equitativa, valorándose aquí la existencia de medios de transporte, distancia que tienen cubrir los usuarios para beneficiarse de la atención y la simplicidad para poder recibir atención.

También es necesario favorecer la comunicación eficaz entre los diferentes profesionales que le atienden y finalmente reducir la contingencia de pacientes hospitalizados en zonas inadecuadas para su atención eficaz y con las garantías necesarias de adecuada preparación de recursos.

Relación interpersonal con los profesionales que le atienden.

Hay que desarrollar un ambiente agradable entre clientes y proveedores permitiendo así una mutua confianza en la capacidad para prestar y recibir asistencia.

Y otro aspecto fundamental es que el usuario pueda recibir toda la información que precise por parte del personal con el que interacciona. [4]

¿CÓMO EXPLORAR LAS EXPECTATIVAS DE LOS CLIENTES?

Para poder analizar las expectativas o satisfacción de los clientes debemos emplear métodos que nos aproximen al conocimiento de sus opiniones.

Los sistemas disponibles en el ámbito sanitario para conocer la opinión de los clientes son los siguientes:

- **Cuestionarios de opinión:** que sirven para recoger información acerca del contacto que ha tenido el cliente con la organización hospitalaria, con respecto a la asistencia recibida u ofertada por los profesionales.
- **Reclamaciones:** mediante este método y desde los servicios de información y Atención al Usuario se analiza la insatisfacción, es decir, los aspectos desfavorablemente percibidos por el cliente externo de una prestación o un servicio.

  Ventajas: se refieren a vivencias propias de los individuos dentro del Hospital y suelen aportar información sobre aspectos de las relaciones interpersonales, difíciles de conocer por otras vías.

Sus limitaciones: no permiten valorar aspectos de calidad científico-técnica y tampoco permiten descubrir expectativas diferentes de una mala calidad.

Grupos de enfoque: para saber 10 que piensan las personas independientes que todavía no han tenido contacto con la organización utilizamos otro método que nos permite recoger dicha información.

> Aún en el ámbito sanitario, los grupos de enfoque tienen poca experiencia y tienen el inconveniente de ser los sistemas de obtención de información más caros.
> Fundamentalmente, consiste en seleccionar varios grupos que poseen características homogéneas y predefinidas. Se les reúne para tratar el objetivo que nos ha movido a constituido y se les permite expresar libremente su opinión al respecto y al ser grupos informales debe de haber un dinamizador profesional para poder extraer la máxima información.

El objetivo de todo esto, es que tenemos que ofrecer servicios de alta calidad, 10 que significa que también deben ser ofrecidos de forma satisfactoria para ambos, y para ello, debemos analizar los factores que la condicionan, disponer de medios que nos permitan conocer sus expectativas y la adecuación entre nuestros servicios ofrecidos y sus necesidades. [4]

FACTORES QUE CONTRIBUYEN A LOGRAR LA SATISFACCIÓN DEL USUARIO

Las características de los servicios sanitarios que actúan como condicionantes de la satisfacción de un ciudadano, cuando entra en contacto con la red de asistencia sanitaria son:

1. Equidad, en la atención igualitaria y con las mismas oportunidades de recibir asistencia para todos los ciudadanos que la precisen.
2. Fiabilidad, que presenta nuestra actuación y que les permite analizar subjetivamente que no estamos cometiendo fallos, errores, demoras, desvalorizando al resto de profesionales que interviene en la atención, etc.
3. Efectividad, en la resolución de su problema de salud y la posible influencia que tienen en la misma los cuidados ofrecidos por todo el personal de enfermería.
4. Buen trato, percibido a lo largo del contacto que ha mantenido el ciudadano con todo el personal del centro con el que se ha ido interaccionando.
5. Respeto, hacia las características personales de todos y cada uno de ellos.
6. Información, ofrecida por el personal de enfermería que permita a los usuarios un conocimiento del entorno en el que se encuentran, derechos y deberes que le asisten durante su hospitalización, etc.
7. Continuidad, como el seguimiento del proceso de ciudadanos intra y extrahospital.

8. Confortabilidad, el grado de confort y seguridad del entorno que se ha ofrecido a lo largo de su estancia en el hospital.

Otras áreas determinantes de la calidad de la atención que son de carácter intrínseco y difícilmente percibidas por los usuarios a las que vamos a referirnos como el componente que hace referencia a la formación u experiencia de los profesionales que les prestan su atención (CIENTÍFICO) y la posibilidad de utilizar tecnología segura y adecuadamente actualizada (TÉCNICO).

La conjunción de ambos aspectos:

Calidad Intrínseca (Científico-técnica: valorada fundamentalmente por los propios profesionales que prestan la asistencia) + Calidad Percibida (valorada por los usuarios) determinan la Calidad Integral que debe ser objetivo de la gestión cualitativa de los Centros asistenciales. [4]

LA CALIDAD DE LA COMUNICACIÓN ENFERMERA-PACIENTE

La comunicación es un recurso trascendental para la enfermería y con ella, realizamos una parte esencial de nuestra labor asistencial, permitiéndonos acceder a nuestros pacientes a través del lenguaje oral, visual o presencial, de manera que favorecemos la relación enfermera-paciente en todo el proceso de cuidar.

La enfermera es la receptora de la confianza, dudas y preguntas sobre la información que el paciente recibe sobre su proceso y espera de ellas todo tipo de atenciones técnicas y cuidados humanos.

Por tanto, la calidad de nuestra comunicación deberá ser el resultado de la que los pacientes han percibido, verdadero indicador de los cuidados que proporciona el personal de enfermería, siendo el referente para establecer las medidas necesarias para alcanzar estándares de calidad, y posibilitando un clima de confianza y seguridad en la esfera humana de la relación enfermera-paciente.

Resulta imprescindible potenciar y crear vías de comunicación con los pacientes, permitiendo establecer una relación enfermera-paciente real y compartida, donde la credibilidad, fiabilidad y competencia sean una garantía total del quehacer enfermero en el desarrollo de su profesión, para no tener que asumir como cierta la frase de "Si la imagen de la enfermera es sólo la de usar sus habilidades técnicas y no la de resolver los problemas de enfermería de los pacientes, sólo hay un paso para cuestionarse la necesidad de las enfermeras". [5]

CONCLUSIONES

La calidad en el sistema sanitario es necesaria por la importancia de ésta en la atención al paciente y también por la indispensable evaluación coste-calidad. Por eso debemos alcanzar un proyecto de mejora continua de la calidad en la que ésta se pueda evaluar de forma objetiva mediante indicadores válidos.

El alcance de este objetivo supone considerar calidad como falta de deficiencia, y para logrado se debe conseguir un programa de calidad integral, en el cual se debe incluir desde el equipo directivo hasta el cliente para conseguir tanto una calidad intrínseca como extrínseca en las que se cubran las necesidades de satisfacción del cliente con la calidad en las prestaciones, satisfacción de los profesionales así como la satisfacción financiera.

Lo que pretendemos conseguir no es solo que la organización funcione, sino que el funcionamiento sea el mejor, que beneficie más y a más gente. Lo cual requiere la colaboración de profesional sanitario, clientes e institución.

El objetivo del personal de enfermería es conseguir la mayor calidad posible de los cuidados profesionales que prestamos, destacando la importancia que tiene el logro de objetivos de calidad. Para ello se necesita algo más que aspectos científico-técnicos: unos valores, siendo estos los que constituyen una estructura moral indispensable de la que parte un profesional de calidad, clave para ejercer una enfermería comprometida con la vida y la salud de las personas, siendo cualidades indispensables de un profesional sanitario la solidaridad y la cooperación.

Pensamos que es muy importante medir la calidad, ya que nos permite conocer los fallos y errores que se pueden producir en nuestro sistema sanitario; y así poder mejorar la calidad de nuestras prestaciones y el grado de satisfacción sea óptimo para el cliente externo como para el cliente interno.

BIBLIOGRAFÍA

[1] Chacón, R.; Rodríguez, B.; Estévez, M.L.; Jiménez, J.F.; Limiñana, J.M.

La calidad asistencial enfermera. *Enfermería Cientijica,* 2001; 230-231: 94-96.

[2] Larrea P. *Calidad de servicio del marketing a la estrategia.* Barcelona: Díaz de Santos, 1991.

[3] Mompart. M.P.~ Durán M. La calidad en la atención de salud y de los cuidados enfermero~~: *Administración y gestión.* Madrid: Enfermería Siglo XXI, 2001.

[4] Pallares L., García Junquera, M.J. *Guía práctica para evaluación de la calidad en la atención enfermera.* Madrid: Olalla, 1996.

[5] Martinez, M.B.; de Haro, F. Instrumentalizar la comunicación en la relación enfermera-paciente como aval de calidad. *Calidad Asistencial2002;* 17 (8): 39-44.

www.ingramcontent.com/pod-product-compliance
Lightning Source LLC
Chambersburg PA
CBHW080851170526
45158CB00009B/2708